Die 12 Arten der neuen Technologien

Entwürfe für die Zukunft – Band 19

Kontakt: www.HarryEilenstein.de
Harry.Eilenstein@web.de
Harry Eilenstein bei youtube

Verlag: BoD · Books on Demand GmbH, Überseering 33, 22297 Hamburg, bod@bod.
Druck: Libri Plureos GmbH, Friedensallee 273, 22763 Hamburg

ISBN: 978-3-8192-2781-3

Inhaltsübersicht

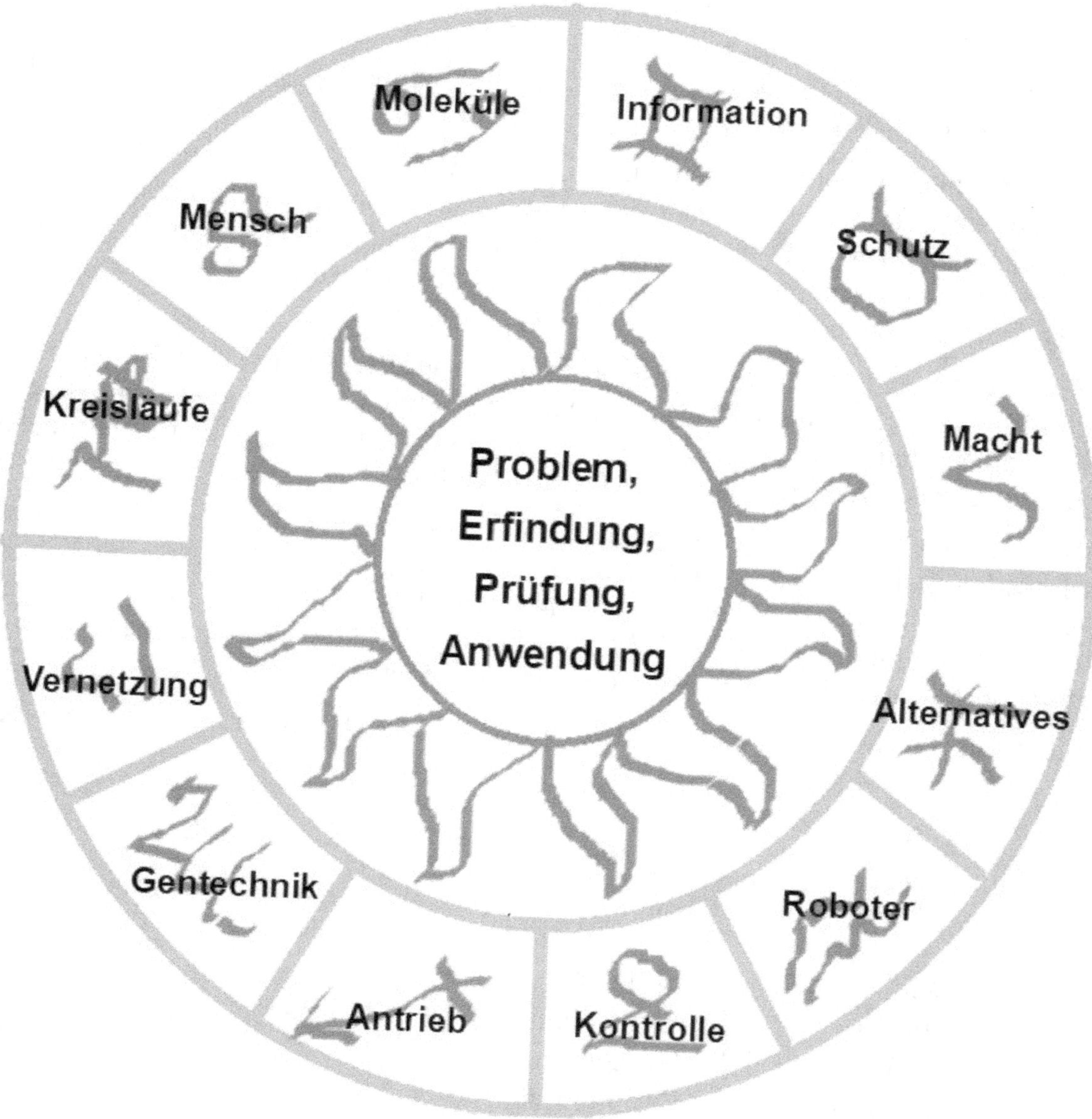

Warum 12?

Alle Bücher dieser Reihe haben genau 12 Kapitel – was sich ja auch in den Titeln dieser Bücher widerspiegelt. Warum?

In diesen Büchern wird der Tierkreis als Matrix von 12 verschiedenen Sichtweisen auf die Welt verwendet, um das Thema des Buches möglichst umfassend in 12 Kapiteln zu betrachten. Dadurch wird eine ausgewogenere, umfassendere und tiefere Einsicht in das jeweilige Thema erlangt als es ohne ein solches Raster, ohne eine solche Matrix möglich wäre.

Der Tierkreis wird in dieser Buch-Reihe als Forschungs-Hilfsmittel benutzt, durch das die Einseitigkeiten in der Betrachtung zumindest vermindert werden können. Weiterhin werden durch dieses Vorgehen diese 12 Sichtweisen auch als Ergänzungen zueinander, als organische Teile eines Ganzen deutlich.

Die Inspiration zu diesem Vorgehen stammt aus Hermann Hesses Roman „Das Glasperlenspiel", für das er 1946 den Literatur-Nobelpreis erhielt. In diesem Roman beschreibt er die öffentlichen Darstellungen von Übersichten und Gesamtbetrachtungen, die mithilfe von verschiedenen allgemeinen Strukturen wie z.B. dem Ba Gua aus dem chinesischen Feng-Shui angefertigt und aufgeführt werden.

Diese Buch-Reihe ist ein Versuch, Hesse's Idee im ganz Kleinen konkret zu verwirklichen.

Die Blickwinkel der 12 Tierkreiszeichen sind:

♈	Widder:	Spontaner
♉	Stier:	Genießer
♊	Zwilling:	Neugieriger
♋	Krebs:	Familienmensch
♌	Löwe:	Egozentriker
♍	Jungfrau:	Handwerker
♎	Waage:	Schöngeist
♏	Skorpion:	Tiefgründiger
♐	Schütze:	Idealist
♑	Steinbock:	Realist
♒	Wassermann:	Theoretiker
♓	Fische:	Träumer

Vorwort

In diesem Buch werden die wichtigsten der neuen Technologien betrachtet – die von der Verwendung von Halbleitern über die Gentechnik bis zur Erschaffung von virtuellen Welten reicht.

Um sich das Ausmaß dieser neuen Technologien deutlich zu machen, hilft ein Blick auf die bisherige Geschichte der von den Menschen erschaffenen Technologien:

- In der **Altsteinzeit**, in der die Menschen von der Jagd lebten, waren der Faustkeil, das Feuer und die Wohnhütte die wichtigsten Erfindungen.

Dies waren geringfügige physikalische Umformungen der physischen Umwelt – die gezielte Formung und Verwendung von Gegenständen.

- In der **Jungsteinzeit**, in der die Menschen von Ackerbau und Viehzucht lebten, waren die Werkzeuge und vor allem der Anbau von Getreide und Gemüse sowie das Halten von Tieren die Neuerungen.

Dies war eine Lenkung der biologischen Umwelt – die gezielte Förderung und Verwendung von Pflanzen und Tieren.

- Im **Königtum**, in der das Zusammenleben der Menschen zentral von einem König gelenkt wurde, begannen die Menschen, durch gezielte Auswahl des Saatguts und der Jungtiere neue und ertragreichere Sorten zu züchten.

Dies war eine Lenkung der Entwicklungsrichtung der biologischen Umwelt – die gezielte Selektion von Mutationen und dadurch auch die Veränderung von Pflanzen und Tieren.

- Im **Materialismus**, in der die Menschen zunehmend Maschinen erfanden und nutzten, wurden durch die Industrie sowohl physikalische als auch chemische Prozesse den Maschinen übertragen.

Dies war die groß angelegte Verwendung von Maschinen, also von komplexen Gegenständen, die von den Menschen hergestellt worden sind – die gezielte Entwicklung und Nutzung von selber erschaffenen Gegenständen.

- In der heutigen Epoche der **Globalisierung** hat sich die Technik der Epoche des Materialismus soweit entwickelt, dass alle Menschen mit allen anderen Menschen verbunden sind und jede Handlung auf der Erde alle anderen Menschen beeinflussen kann.

Dies ist die Weiterentwicklung der Maschinen bis zur Gentechnik und zur künstlichen Intelligenz – das gezielte Erschaffen neuer Lebensformen durch die Gentechnik und neuer komplexer technischer „Wesen" wie der Künstlichen Intelligenz.

1. Macht

ᚦ

a) Technik-Bereich

Wenn es um Waffen und Macht geht, sind die Menschen traditionell besonders erfinderisch … Wir Menschen haben leider eine Neigung zur Machtsucht.

b) neue Technologien

Eine **Blendwaffe** ist gewissermaßen eine „Taschenlampe", deren Licht derart hell ist, dass es Menschen blenden und dadurch orientierungslos und folglich auch hilflos machen kann.

Blendwaffen, die den Gegner dauerhaft blind machen, sind 1995 von der UN verboten worden, doch Blendwaffen, bei denen die Blindheit nach einer Weile wieder endet, sind nach wie vor nicht ausdrücklich verboten worden.

Diese Waffen verwenden Laserstrahlen im Bereich des sichtbaren Lichts, des UV-Lichts und des Infrarot-Lichts. Mit den Infrarot-Licht-Blendwaffen können auch elektronische Sensoren zerstört werden.

Eine Variante der Blendwaffen sind die Lampen auf Handfeuerwaffen, die zwar auch den Gegner blenden, doch ihn vor allem auch beleuchten, um einen gezielten Schuss abgeben zu können.

Das **Gaußgewehr** funktioniert ähnlich wie eine Magnetschwebebahn: Ein Geschoß wird wie die Magnetschwebebahn durch Magnetfelder beschleunigt.

Die Geschwindigkeit der Geschosse und folglich auch ihre Durchschlagskraft sind extrem hoch. Ihre Flugbahn kann sehr genau ausgerichtet werden. Das Gaußgewehr ist zudem wesentlich leiser als ein normales Gewehr und es erzeugt auch keine Rauchschwaden.

Diese Waffe braucht jedoch extrem viel Strom.

Die **Gaußkanone** funktioniert ähnlich wie das Gaußgewehr, aber benutzt größere Geschosse. Aufgrund der Form der Magnetfelder werden meistens ringförmige Geschosse verwendet.

Auch die **Plasmakanone** funktioniert nach demselben Prinzip. Bei ihr wird das Geschoß jedoch bis in den Plasma-Zustand erhitzt.

Die **Railgun** ist eine weitere Variante einer Magnetfeld-betriebenen Kanone. Die Geschwindigkeit der Geschosse beträgt ca. 9000 km/h. Diese Waffe befindet sich zwar noch in der Entwicklung, aber da sie nur ca. 8% eines Marschflugkörpers kostet, wird intensiv an einer Verbesserung der Railgun geforscht.

Das **Active Denial System** (ADS) ist eine Waffe auf Mikrowellen-Basis, die feindlich Soldaten kampfunfähig macht. Ein Treffer von dieser Waffe schmerzt so stark, dass der Getroffene die Flucht ergreifen wird. Der Treffer hinterlässt – sagen ihre Befür-worter – keine bleibenden Schäden. Gegner dieser Technik gehen hingegen von Verbrennungen und bleibenden Traumata aus.
Der ausgesandte Strahl diese Waffe hat eine 40-mal höhere Energiedichte als eine normale Mikrowelle in der Küche.

Die Schallkanone, die offiziell **Long Range Acustic Device** (LRAD) heißt, sendet – wie der Name schon sagt – Schall aus, der so laut eingestellt werden kann, dass er schmerzhaft ist. Diese Waffe kann Gehörschäden verursachen.

Das **Pulsed Energy Projektile** (PEP) sendet einen Energiestrahl aus, der beim Auftreffen einen Teil der Substanz in Plasma verwandelt und dadurch eine heftige Druckwelle erzeugt, die Menschen schmerzen, lähmen und verwirren kann.

Das **Extreme Accuracy Tasked Ordnance** (EXACTO) ist ein Präzisionsgewehr, dessen Geschosse per Laserstrahl gelenkt werden können und die daher auch sich bewegende Objekte mit hoher Genauigkeit treffen können. Diese Geschosse sind recht komplex aufgebaut.

Durch den Russland/Ukraine-Krieg sind **Drohnen** mittlerweile als wichtiges Waf-fensystem gut bekannt geworden.

Eine Weiterentwicklung der Drohnen sind die **autonomen Waffensysteme** die ein vorprogrammiertes Ziel selbständig ausfindig machen und zerstören können.

2. Schutz

☖

a) Technik-Bereich

Ein wesentlicher, aber nicht besonders beachteter Bereich der Technik und somit auch der neuen Technologien ist der Schutz des Bestandes. Dazu gehören u.a. die Sicherung einer weltweiten Ernährungs-Sicherheit, d.h. das Ende des Hungers, aber auch der Schutz der Artenvielfalt, der Schutz vor der Bodenerosion, der Schutz des Waldes, der schließlich 30% des Sauerstoffs produziert, den wir atmen, und schließlich noch der Schutz des Meeres, das einen wesentlichen Einfluss auf das Klima und die Artenvielfalt und die übrigen 70% des Sauerstoffs produziert, den wir atmen.

b) neue Technologien

In diesem Bereich der „**neuen Techniken**" geht es nicht vorrangig um die Entwicklung neuer Technologien, sondern um die Kontrolle und Ablehnung aller neuen Technologien, die eine Gefahr für den Bestand des Lebens auf der Erde sind.

Der zweite Aspekt der neuen Technologien in diesem Bereich sind die Technolo-gien, mit denen man bereits zerstörte Teile der Natur wieder herstellen kann. Dazu zählt der Schutz der noch vorhanden Arten, der Schutz der Wälder, die Wieder-Bewässerung von trockengelegten Mooren (die sehr viel CO_2 binden können), der sehr vorsichtige Einsatz der Gentechnik u.ä.

Es ist jedoch keineswegs so, daß jede neue Technik zum Schutz eines Einzelnen, einer Gruppe oder der Erde als Ganzes sinnvoll ist. Das kann man deutlich am Beispiel des „ Solar Geoengineering".

Das „**Solar Geoengineering**" besteht im Wesentlichen aus dem Konzept, daß die Menschen selber das Klima auf der Erde lenken: Durch das CO_2 erhitzen wir die Erde – also sprühen wir Schwefel in 20 km Höhe in die Atmosphäre, die dann das Sonnenlicht wie ein Schleier zurückhält und dadurch die Erde wieder abkühlt.

Das wäre natürlich ein Milliardengeschäft für die Firmen, die das durchführen. In Großbritannien sind bereits die ersten Freiluft-Experimente geplant. Dieses Konzept ist auch schon vom der Weltklimarat IPCC diskutiert worden.

Die beiden Gefahren bei diesem Ansatz sind zum einen das völlige Unwissen über die möglichen Nebenwirkungen und zum anderen die plötzliche massive Erhitzung der

Erde, wenn aufgrund von Kriegen oder anderen Krisen das Versprühen des Schwefels unterbrochen wird. Weiterhin ist bereits sicher, daß das Versprühen von Schwefel in der Atmosphäre das Ozonloch wieder vergrßern würde.

Aufgrund dieser Gefahren haben mehr als 500 Wissenschaftlerinnen und Wissenschaftler aus rund 60 verschiedenen Ländern ein weltweites Abkommen gegen Solar Geoengineering gefordert – wegen der Gefahren dieses Ansatzes und weil dadurch nur die Symptome der Wirkung der Menschen auf die Erde, auf der sie wohnen, behandelt werden … und dazu noch auf sehr riskante Weise.

Es gibt aber auch technologisch völlig unbedenkliche neue Entwicklungen, die Alternativen zu dem problematischen Plastik sind, das sich mittlerweile in der Form von Mikroplastik in bedenklichem Maße vor allem in den Gehirnen der Menschen anreichert. Hier wird sehr dringend ein Umdenken benötigt.

Der neue Plastik-Ersatz sind verschiedene **Pilzarten**. Aus ihnen kann man Baustoffe, Verpackungsmaterialien, Dämmstoffe, Polster, „Pilzleder" und anderes herstellen. Diese Pilze sind sehr leicht, wärmeisolierend, schwer entflammbar, nachhaltig, feuchtigkeitsabweisend, vegan, tierversuchsfrei, geruchsfrei sowie innerhalb von 40 Tagen biologisch abbaubar, d.h. kompostierbar – die Vorteile gegenüber Plastik sind also beträchtlich. Je nach Pilz und Produktionsweise kann dieser Pilz elastisch, widerstandsfähig, reißfest, weich, dicht oder offenporig sein – er ist also in seinen Eigenschaften noch flexibler als Plastik.

Es ist auch möglich, diese Pilze in die gewünschte Hohlform hinein wachsen zu lassen und dabei auch eine stabilisierende Holzform in diese Hohlform einzufügen – ähnlich dem Armierungseisen in Stahlbeton.

Eine wichtige Form des Schutzes ist auch das Verfügung über die **notwendigen Informationen**, um die tatsächlich wirksamen Entscheidungen treffen zu können. So erzeugt z.B. die Fleisch- und Milchproduktion in Deutschland mehr CO_2 als der Autoverkehr. Bereits die 20 umsatzstärksten Landwirtschaftskonzerne verursachen den anderthalbfachen CO_2-Ausstoß wie der gesamte Autoverkehrs in Deutschland.

Allerdings ist die Fleisch- und Milchproduktion nicht der größte „Klimakiller". Weltweit sind gerade mal 36 Unternehmen für mehr als 50% der weltweiten CO2-Emissionen verantwortlich.

Die vier größten „CO_2-Produzenten" sind im Folgenden aufgeführt (die %-Angaben beziehen sich auf den Anteil an der gesamten globalen CO2-Emission).

Platz 1: Ölfördergesellschaft Saudi Aramco (Saudi Arabien)   4,38 %

Platz 2: Shell (Großbritannien)   0,9 %

Platz 3: BP (Großbritannien)   0,8 %

Platz 4: TotalEnergies (Frankreich)   0,8 %

Leider haben 93 Unternehmen der 169 größten Konzerne – also mehr als die Hälfte – haben 2023 ihre Emissionen im Vergleich zu 2022 erhöht statt gesenkt. Es ist also so gut wie unmöglich ohne die – freiwillige oder erzwungene – Mitarbeit der großen Konzerne das Klima zu retten.

3. Information

Ⅱ

<u>a) Technik-Bereich</u>

Die Technologien, die zu diesem Bereich gehören, sind die Beschaffung und die Verbreitung von Informationen und die Datenverarbeitung.

Eine notwendige Voraussetzung von neuen Erfindungen und der Entwicklung von neuen Technologien ist die Deutlichkeit der Aufgaben, die gelöst werden müssen. Natürlich gibt es auch die zufällige Erfindung oder die Entdeckung, die sich daraus ergibt, dass man jeden Tag mit einer bestimmten Aufgabe zu tun hat und dabei erkennt, dass sich das auch eleganter und mit weniger Aufwand durchführen ließe.

Insofern wäre es auch eine die Entwicklung wesentlich fördernde „Erfindung", alle anstehenden Aufgaben, die eine Lösung suchen, ausreichend bekannt zu machen.

<u>b) neue Technologien</u>

Der Begriff „**Data-Era**", also die „Epoche der Daten" oder das „Informationszeit-alter", umschreibt den Umstand, dass die Datenverarbeitung immer wichtiger wird und das heutige Leben in immer größerem Ausmaß prägt. Die ständig wachsende Daten-Flut erfordert einen effektiven Umgang mit Daten. Das beinhaltet mehrere Dinge:

- die freie Zugänglichkeit möglichst vieler Daten,

- das sinnvolle Reduzieren von Daten („smart data"),

- das Nutzer-bezogene Aufarbeiten von Daten,

- das Verstehen von Daten („data literacy"),

- den sinnvollen Umgang mit Daten,

- der Zusammenschluss der Rechenleistung mehrerer Computer („decentralized computing"),

- die Weiterentwicklung von Quantencomputern (größere Rechenleistung),

- die Entwicklung manipulationssicherer Computer-Systeme,

- der Schutz der Daten.

Die **Quantencomputer**, die seit einigen Jahren entwickelt werden, sind weitaus leistungsfähiger als die bisherigen Computer, da sie für das Speichern einer einzi-gen 1/0-Information nicht wie bisher ca. 100 Millionen Atome brauchen, sondern nicht einmal ein ganzes Atom. Die Speicherung der 1/0-Information erfolgt in einem Quant.

Da Quanten nicht nur die Eigenschaft „1" oder „0" haben können, also „Strom/kein Strom", sondern fließende Übergänge zwischen „1" und „0", lassen sich zudem sehr viel differenzierte Daten speichern als in den bisherigen Computern.

Die bisher hergestellten Quantencomputer sind zwar noch sehr fehleranfällig, aber sie schaffen z.T. die Lösung von Aufgaben, für die ein normaler Supercomputer 10.000 Jahre brauchen würde, in 3 Minuten.

Aufgrund dieser Geschwindigkeit können Quantencomputer auch so gut wie alle heute üblichen Daten-Verschlüsselungen sehr schnell „knacken". Daher sind auch neue Verschlüsselungsmethoden dringend notwendig.

Die **Künstliche Intelligenz** (KI) besteht im Wesentlichen darin, dass ein Computer so programmiert wird, dass er eigenständig große Datenmengen auswertet und auf der Grundlage der Ergebnisse dann Entscheidungen trifft. Dadurch kann man einem Computer z.B. das Sprechen beibringen. Sie können auch in der Medizin, in der Bilderkennung, in der industriellen Fertigung usw. eingesetzt werden und in vielen Bereichen die Arbeiter unterstützen oder ersetzen.

Dieses Thema wird ausführlich in dem SHA-Buch „Die 12 Betrachtungsweisen von künstlicher Intelligenz" betrachtet.

Die „**Software 2.0**" ist eine spezielle Anwendung der Künstlichen Intelligenz. Diese Software ist in der Lage, zu einem vorgegeben Thema informative Texte zu verfas-sen.

4. Moleküle

♋

a) Technik-Bereich

Viele neue Erfindungen stammen aus dem Bereich der Chemie. Sie werden in fast allen Lebensbereichen eingesetzt. Neben den neuartigen chemischen Molekülen gibt es auch noch die Nanotechnik und die Quantencomputer, die ebenfalls im Bereich des „ganz Kleinen" neue Formen erschaffen.

b) neue Technologien

Die **Buckminster-Fullerene** sind Moleküle, die vor allem aus Kohlenstoff bestehen und Hohlkörper bilden. Eine der einfachsten Formen dieser Fullerene sehen aus die ein Fußball, dessen Oberfläche sich aus Sechsecken und Fünfecken zusammensetzt: An den Stellen, an denen bei einem Fußball drei Lederstücke zusammentreffen, sitzt ein Kohlenstoffatom – die Linien zwischen zwei Lederstücken sind die Elektronen-Bindungen zwischen zwei Kohlenstoffatomen.

Es gibt jedoch nicht nur Kugeln aus 60 Kohlenstoffatomen (C_{60}), sondern auch noch wesentliche komplexere Hohlformen, die fast alle symmetrisch aufgebaut sind. Neben den Hohlkörpern gibt es auch Röhren, die nach demselben Verfahren auf-gebaut sind.

Wenn man z.B. ein einzelnes Wassermolekül in solche eine C_{60}-Kugel einfügt, kann man die Eigenschaften dieses nun isolierten Wassermoleküls sehr viel genauer unter-suchen als es sonst möglich wäre. Das ist z.B. in der Quantenphysik ausge-sprochen hilfreich.

Die aus 60 Kohlenstoffatomen bestehenden Hohlkugeln sind auch schon im Umfeld anderer Planeten in unserer Galaxie nachgewiesen worden. Sie kommen z.B. auch in Kerzenruß vor und sie eignen sich als Halbleiter und als Supraleiter. Die For-schung steht bei den Fullerenen und ihren Verwendungsmöglichkeiten noch sehr am Anfang.

Die **Nanotechnik** stellt Materialien und Geräte im Größenbereich unterhalb von 100 nm, also unterhalb von 0,0001mm her. Da in diesem Bereich nicht mehr die Gesetze der klassischen Physik, sondern die der Quantenphysik gelten, haben die Substanzen in diesem Größenbereich andere Eigenschaften als in den uns gewohnten Größen-bereichen.

Durch Nano-Materialien lassen sich daher z.B. schmutzabweisende Stoffe herstellen – so wie z.B. Seerosenblüten wasserabweisend sind. Die Anwendungsmöglichkeiten der Nano-Materialien sind fast unbegrenzt groß – Fliegen benutzen z.B. winzige Härchen im Nano-Bereich an ihren Beinen, um sich an glatten Flächen festhalten zu können.

Die **Halbleiter** sind derzeit das wichtigste Material für fast alle elektronischen Bauteile in Transistoren, Dioden, integrierten Schaltkreisen, Sensoren usw. und daher auch in Computern. Sie sind zur Zeit das am meisten gehandelte Produkt. Die Halbleiter werden auch in der Nano-Fabrikation in Größen von 2 Nanometern verwendet.

Die besondere Eigenschaft der Halbleiter besteht darin, dass sie z.B. in Abhängig-keit von dem Druck, der Temperatur oder der Lichteinwirkung verschieden gut Strom leiten.

Die anorganischen Halbleiter sind Silicium, Selen, α-Zinn, Bor, Tellur und die Kohlenstoff-Fullerene.

Die Elementen, die erst unter Druck zu Halbleitern werden, sind Wismut, Calcium, Strontium, Barium, Ytterbium, Phosphor, Schwefel und Jod.

Die organischen Halbleiter sind Tetracen, Pentacen, Polythiophen, Phthalocyanine, PTCDA, MePTCDI, Chinacridon, Acridon, Indanthron Flavanthron, Prinon und Alq3.

Die Mischsystem-Halbleiter sind Polyvinylcarbazol und die TCNQ-Komplexe.

5. Mensch

ॷ

a) Technik-Bereich

Ein Teil der neuen Technologien bezieht sich auch auf den Menschen. Sie sollen sein Alter, seine Lebensqualität und seine Gesundheit fördern – es geht hier daher vorwiegend um Medizin, aber auch um Therapien.

b) neue Technologien

Die **personalisierte und prädiktive Medizin** ist ein neuer medizinischer Ansatz bei dem die Daten eines Patienten dazu verwendet werden, Diagnosen präziser stellen zu können und außerdem wahrscheinliche zukünftige Erkrankungen vorsagen und somit schon im Vorfeld abmildern zu können. Dabei wird die „Big Data"-Analyse und die Analyse der DNS als Grundlage verwendet.

Wenn sich dieses Verfahren als erfolgreich erweisen und allgemein durchsetzen sollte, gäbe es die Möglichkeit, die meisten Krankheit schon vor ihrer Entstehung zu verhindern und dadurch sehr große Summe im Gesundheitswesen einzusparen. Diese Methode würde jedoch auch bedeuten, dass der allergrößte Teil der Daten über die einzelnen Menschen an irgendeiner Stelle zentral gespeichert wird, um dann bei Bedarf von einem Arzt abgerufen werden zu können.

Es ist auch eine automatische Warnung denkbar, die eine Person oder dessen Arzt von einer Künstlichen Intelligenz (KI) erhält, die in regelmäßigen Abständen die Daten der Menschen in Hinblick auf ihre Erkrankungswahrscheinlichkeiten analysiert.

Es ebenfalls denkbar, dass diese Analysen und Warnungen auch auf psychische Erkrankungen ausgeweitet werden.

Eine heikle Frage in diesem Zusammenhang ist, wer alles Zugang zu diesen Daten hat und wer sie für andere Zwecke missbrauchen könnte.

Bei der **Krebs-Immuntherapie**, die bislang zwar in ihren Konturen entworfen, aber noch nicht entwickelt worden ist, soll das Immunsystem eines Menschen so gestärkt werden, dass es selber die Krebszellen bekämpfen kann. Der Grundgedanke dabei ist eine gezielte und vor allem personalisierte Immuntherapie gegen den Krebs.

Die hier und da in der Literatur erwähnten **Med-Beds** („medizinische Betten"), die eigenständig Krankheiten erkennen und heilen und dazu noch das Altern rückgängig machen und Glieder nachwachsen lassen können, sind bislang reine Fiktion aus Sciencefiction-Filmen und -Romanen.

Allerdings sind inzwischen Apparate entwickelt worden, mit deren Hilfe sich innerhalb von 20 Minuten ein umfassendes Bild von der Gesundheit/Krankheit eines Menschen einschließlich seiner Neigungen zu bestimmten Krankheiten (die noch nicht ausgebrochen sind) erstellen läßt. Ein Beispiel für einen solchem Apparat ist der NEKO-Scanner.

In Kombination mit der anfangs erwähnten „Big Data"-Methode könnte diese Diagnose-Methode eine sehr große Unterstützung für den Arzt und den Patienten sein.

6. Kreisläufe

♍

a) Technik-Bereich

Es ist nicht nur notwendig, neue Dinge zu erfinden, sondern auch, sie so in das Bestehende einzufügen und sie so zu benutzen, dass kein Schaden entsteht. Daher finden sich hier alle Kreislauf-Techniken vom der Abfallverwertung über das Recycling bis zum LEGO-Prinzip in der Technik.

Wenn etwas neu erfunden worden ist, ist es in vielen Fällen nicht das Weiseste, diese neue Erfindung auch sofort einzusetzen. Es empfiehlt sich vielmehr, diese neue Erfindung erst einmal auf die möglichen langfristigen Risiken zu überprüfen.

b) neue Technologien

Die **Abfall-Sortierung** und die **Abfall-Verwertung** ist schon teilweise eingeführt worden, aber sie ist noch in hohem Maße ausbaufähig.

Dasselbe gilt für die **Wiederverwendung** und das **Recycling** von vielen Produkten, die derzeit noch auf den Müllhalden enden.

Ein wichtiger Schritt zu einem effektiven Recycling von Maschinen wäre eine weitgehende Standardisierung aller Bauteile – also eine „**LEGO-Industrie**", die die Möglichkeit bietet, ausgemusterte Geräte und Maschinen wieder weitgehend in ihre Einzelteile zu zerlegen und diese dann anschließend wiederzuverwenden. Diese LEGO-Technik könnte auf den bereits vorhandenen DIN-Normen aufbauen und sie dann deutlich erweitern.

Es werden auch effektive **Reinigungsverfahren** für die Erde, die Luft und die Gewässer benötigt, die bereits mit Müll und Giftstoffen belastet sind – z.B. der radioaktive Müll in der Erde, das Plastik im Wasser und das CO_2 in der Luft.

Weiterhin wird die weitgehende Umstellung der Produktion auf **nachwachsende Rohstoffe** benötigt.

In gleicher Weise ist die Umstellung auf **regenerierbare Energien** notwendig (siehe Kapitel 9).

Die Entwicklung einer **nachhaltigen IT** steckt noch in den Kinderschuhen, obwohl der IT-Bereich, also die Computer, eine sehr große Menge an Material und Energie verbrauchen und dabei ebenfalls große Mengen von CO_2 ausstoßen.

7. Vernetzung

Ω

a) Technik-Bereich

Ein weiterer Bereich, sehr einflussreicher Bereich der neuen Technologien ist die Vernetzung von Menschen, von Menschen und Computern sowie von Computern mit Computern.

b) neue Technologien

Die **5G-Technologie** ist zwar teilweise schon eingeführt worden, doch sie ist noch deutlich ausbaufähig. Diese Technologie ermöglicht eine deutlich schnellere Daten-Übermittlung als zuvor.

Beim **Cloud-Computing** werden große Mengen von Daten extern bei Providern gespeichert. Dadurch werden keine großen eigenen Speichergeräte mehr benötigt. Insbesondere die Benutzung von Künstlicher Intelligenz benötigt sehr viel Speicher-platz, da sie sehr große Datenmengen verarbeitet, die in der „Cloud" jederzeit zur Verfügung stehen.

Beim **Edge-Computing** wird zusätzlich zur Auslagerung der Datenspeicherung noch darauf geachtet, dass sich diese Speicher möglichst nah an dem Ort ihrer Verarbei-tung befinden, um noch einmal zusätzlich Zeit bei der Daten-Übermittlung einzu-sparen.

Diese hohe Geschwindigkeit der Übermittlung von Daten ist eine der Grundlagen für das „Internet of Things" gewesen, das weiter unten noch erklärt wird.

Das **Web3** ist ein dezentrales Internet, das der Nachfolger des heutigen Internets werden soll, bei dem alle Prozesse über wenigen Internet-Knotenpunkte laufen. Derzeit gibt es 57 internationale Internet-Knotenpunkte in ebenso vielen Städten.

Das Web3 soll hingegen auf vielen kleinen vernetzten Servern bestehen, wodurch eine direkte Kommunikation ohne Zwischeninstanzen möglich werden würde. In die-sem System würden nicht mehr zentrale Instanzen, sondern die Benutzer selber die Gestalt des Internets erschaffen.

Welche Folgen es hätte, wenn es tatsächlich eines Tages ein Web3 geben würde, lassen sich kaum abschätzen.

Mit **Augmented Reality (AR)**, „verbesserter Realität" ist ein Verfahren gemeint, bei dem man sowohl die tatsächliche eigene augenblickliche Umwelt wahrnimmt, aber gleichzeitig auch noch ein computergeneriertes Bild, das zusätzliche Informationen auf die Brille einblendet, die man bei diesem Verfahren trägt.

Dadurch kann auf eine reale Sache blicken und gleichzeitig – ohne den Blick von dieser Sache abzuwenden – auch noch weitere Informationen, Blickwinkel auf diese Sache u.ä. wahrnimmt.

Derartige AR-Brillen werden z.B. im Maschinenbau, bei Lagerarbeiten, bei Reparaturarbeiten u.ä. verwendet. Dadurch ist ein effektiveres Arbeiten möglich. Man kann mit einer AR-Brille auch das Abbild von neuen Möbeln in der eigenen Wohnung platzieren und sich ihre Wohnung im eigenen Heim anschauen bevor man diese Möbel kauft.

Die **Virtuelle Realität (VR)** besteht im Gegensatz zur Augmented Reality (AR) nur aus einem virtuellen, also künstlichen Bild, das man in einer Brille sieht. Da beide Augen ein leicht unterschiedliches Bild vorgespielt bekommen, erlebt man bei der VR sich selber in einer 3D-Welt, die von einem Computer generiert wird. Mithilfe einer Tastatur oder speziellen Geräten kann man sich auch in dieser Welt bewegen.

Die VR wird bisher hauptsächlich von der Spiele-Industrie benutzt, aber ihre Verwendung ist z.B. auch in der Ausbildung und in allen Arten von Trainings möglich. Sie ermöglicht auch die virtuelle Zusammenarbeit mehrerer Personen in der Forschung und in der Planung, der Architektur, dem Online-Shopping usw.

Eine Gefahr bei der VR ist das Verschwimmen der Grenzen zwischen realer Welt und virtueller Welt. Für das vollständige „Abtauchen" in die virtuelle Welt, bei dem man diese virtuelle Welt vorübergehend als völlig real erlebt (noch intensiver als im Kino), gibt es bereits den Begriff „Immersion".

Das **Internet der Dinge** (Internet of Things = IoT) ist ein Netzwerk von physischen Objekten, also von Maschinen, Gebäuden, Fahrzeugen, Geräten usw. die mit Sensoren und einer Software ausgestattet sind, die es ermöglicht, die Aktionen dieser Objekte gemeinsam und aufeinander abgestimmt zu lenken. Das industrielle IoT, also die Vernetzung von Geräten in der Produktion, wird auch „Industrie 4.0" ge-nannt. Durch das Internet können letztlich Millionen von Geräten miteinander verbunden werden.

Das bringt in vielen Bereichen Erleichterungen mit sich, aber es birgt auch Gefah-ren. Was geschieht, wenn jemand solch ein System hackt? Man könnte über das Internet jemanden nachts in seinem Haus einschließen, den Gasherd aufdrehen und dann das Gas zünden – alles durch einen weit entfernten PC, der die Steuerung der Geräte in dem Haus gekapert hat und sie nun für ein Attentat nutzt, das später nach dem Abbrennen des Hauses wahrscheinlich als „Gasleck" eingestuft wird. Man könnte sich auch in die Elektronik eines Autos einhacken und den Fahrer in seinem Auto einen Hang hinunterstürzen lassen. Oder man hackt sich in das System eines Kran-kenhauses ein und stellt z.B. das Beatmungsgerät einer Person ab.

Es ergeben sich hier Möglichkeiten, die bedacht werden sollten, bevor das „Internet der Dinge" allgemein üblich wird.

Ein Beispiel für eine AR (Augmented Reality), die mit dem „Internet of Things" gekoppelt worden ist, findet sich in dem Film „Spiderman – Far From Home" in der Form der Brille, die Tony Stark entwickelt hat.

In der **Smart City** wird der öffentliche Nahverkehr und die Beheizung, Belüftung und Beleuchtung der öffentlichen Gebäude durch das Internet der Dinge geregelt.

Im **Precision Farming** könnte durch das Internet der Dinge eine nachhaltigere und zugleich kosteneffizientere Bewirtschaftung der Böden erreicht werden.

In den **Exponential Industries** kann durch das Zusammenführen des Internets der Dinge, des 3D-Drucks, der Wahrnehmung der Umwelt durch Maschinen mittels Sensoren, des Nano-Engeneering, des Einsatzes von Robotern usw. die Industrie- und Fertigungsprozesse vollständig verändert und weitgehend automatisiert werden.

Die **Intelligent Infrastructure** besteht aus durch künstliche Intelligenz miteinander vernetzten und gesteuerten Stromnetzen und Speichersystemen. Dasselbe ist auch für die Wasserversorgung möglich, was wichtig werden könnte, wenn es durch die Klimaerwärmung zu zunehmenden Dürren kommt.

Die **Smart Surroundings** und das **Smart Home** können die Bewegungen von Men-schen wahrgenommen werden und dementsprechende Maßnahmen ergriffen werden. In der Öffentlichkeit könnten dies z.B. zusätzliche Busse oder ein rechtzeiti-ges Nachbestellen von Waren sein. Im Haus sind dies die automatische Regulierung der Temperatur, das Verlöschen des Lichtes, wenn niemand mehr im Zimmer ist und das Abstellen der Herdplatte, wenn sich kein Kochtopf mehr auf ihm befindet sein.

Dazu kommen Multitouch-Oberflächen auf Displays und die maschinelle Wahrneh-mung von Worten oder Gesten. Der Besitzer kann über sein Handy das Innere seines Hauses prüfen, Türschlösser können automatisiert werden und sich automatisch für die Bewohner öffnen,

Das **Metaverse** ist bislang noch vollkommen eine Utopie. Dieser Begriff bezeichnet eine virtuelle Welt, in der man anderen Menschen begegnen und mit ihnen spre-chen und z.B. auch Geschäfte abschließen kann. Im Metaverse verschmelzen die reale und die virtuelle Welt weitgehend miteinander.

In einer Version des Metaverse erscheinen seine Nutzer nicht mehr als sie selber, sondern wie in einem Internet-Rollenspiel als ein selbsterschaffener Avatar.

Die Entwicklung der **Weltraum-Technologien** ist nur schwer einschätzbar, zumal neben stattlichen Akteuren auch immer mehr private Akteure hinzukommen. Diese Aktivitäten werden sich jedoch wahrscheinlich noch lange Zeit auf den Umraum der Erde und höchstens noch auf den Mond erstrecken – auch wenn es schon Pläne für eine Besiedelung des Mars gibt.

8. Gentechnik

♏

a) Technik-Bereich

Ein großer, wichtiger und einflussreicher Bereich ist die Gentechnik – sowohl in Bezug auf die Herstellung von gentechnisch veränderten Nahrungsmittels und die Medizin als auch in Bezug auf die Herstellung von Clonen.

b) neue Technologien

Die **medizinische Gentechnik** wird genutzt, um z.B. Impfseren gegen Corona zu entwickeln. Insgesamt ist dies jedoch ein sehr weiter Bereich, der noch in den Anfängen steckt.

Die Gefahr eines Missbrauchs oder auch einfach nur von Irrtümern und Unfällen in diesem Bereich ist offensichtlich.

Die **landwirtschaftliche Gentechnik** wird genutzt, um resistente Nahrungspflan-zen zu züchten oder z.B. um Mais zu züchten, der gegen ein Pflanzenschutzmittel unempfindlich ist, das jedoch alle anderen Pflanzen abtötet.

Zu den Risiken und Nebenwirkungen fragen sie am besten nicht ausgerechnet den Hersteller dieser Gentechnik-Produkte …

9. Antrieb

♐

a) Technik-Bereich

Ein wichtiger Forschungsbereich sind neue Antriebsmethoden, d.h. neue Maschinen, neue Treibstoffe, neue Fahrzeugarten, neue Produktionsweisen von Treibstoff u.ä.

b) neue Technologien

Zu dem Bereich der **erneuerbaren Energien** zählen Wasserkraftwerke, Windkrafträder, Solarenergie, Geothermie, Biomasse-Kraftwerke und Gezeitenkraftwerke sowie Wasserstoff und Methanol als Energieträger und ebenso auch die zuneh-mende Verbreitung von Elektroautos. In diesem Bereich ist in den letzten Jahren schon viel entwickelt und gefördert worden, auch wenn das noch nicht ausreicht, um die Klimaerwärmung zu verhindern.

Die Entwicklung von leistungsfähigeren **Batterien** ist ein wesentlicher Punkt für die Ausweitung von Strom als wesentlichem Energieträger.

Es ist nicht nur notwendig, neue Techniken zu entwickeln, sondern sie auch zu verbreiten. Dies trifft u.a. auch für **E-Autos** zu. Bislang ist Norwegen das einzige Land der Welt, in dem seit 2025 keine neuen Diesel- und Benzinfahrzeuge mehr gekauft werden können. Schon 2024 waren 90% der Autos in Norwegen E-Autos. Es ist also möglich, komplett auf E-Autos umzustellen.

Um dies zu erreichen werden hohe Einfuhrzölle für Verbrenner-Autos erhoben. Das wird dadurch erleichtert, daß Norwegen keine eigene Auto-Industrie hat, die dagegen protestieren könnte. Weiterhin wurden die E-Autos stark subventioniert – und zwar konsequent und langfristig. In den meisten anderen Ländern sind die Steuervergüns-tigungen oft nach kurzer Zeit wieder zurückgenommen worden.

10. Kontrolle

a) Technik-Bereich

Hierzu gehören alle Techniken, die andere überwachen oder manipulieren können oder die vor ebensolchen Angriffen und Übergriffen schützen können – angefangen bei der Firewall des eigenen PCs über Hackerangriffe bis hin zum Erkennen von Fake-News.

b) neue Technologien

Die ständige Ausweitung und Verflechtung der Datenverarbeitung macht den Schutz sensibler Daten dringend notwendig. Diese **Cybersecurity** soll nicht vor Hacker-angriffen schützen, sondern auch vor Datenverlust, Datenpannen und vor krimineller Daten-Spionage. Diese Gefährdung der eigenen Daten und der Internet-Betrug sind mittlerweile leider schon fast allen bekannt.

Die **Blockchain** ist eine verteilte digitale Datenbank, die Softwarealgorithmen ver-wendet, um Transaktionen sicher und anonym aufzeichnen und bestätigen zu können. Die Aufzeichnung der Ereignisse wird von vielen Partnern gemeinsam genutzt, und die einmal eingegebenen Informationen können nicht mehr geändert werden.

Das Besondere an diesem Verfahren ist, dass immer alle Beteiligten über jeden kleinen Schritt informiert werden und daher kein Einzelner diese Daten fälschen kann – da sie eben in vielen PCs gleichzeitig verankert werden. Außerdem lassen sich alle Vorgänge auch nach nachrechnen und auf diese Weise überprüfen.

Die Blockchain ist mittlerweile eine weitverbreitete Methode, um dafür zu sorgen, dass Daten nicht gefälscht werden können – wobei es bei diesen Daten vor allem um Zahlungen und Buchhaltung geht. Mit diesem Verfahren lassen sich jedoch auch andere Informationen wie z.B. Patientendaten absichern.

Es gibt jedoch ein großes allgemeines **Kontrollproblem**: Wenn das Internet mit dem Internet der Dinge verknüpft wird und diese Synthese zudem noch mit Robotern und Künstlicher Intelligenz vernetzt wird, entsteht ein Konstrukt, das derart kom-plex und derart handlungsfähig ist, dass Störungen im System oder eine Sabotage oder eine heimliche Umprogrammierung des Systems verheerende Folgen haben könnten.

Immerhin ist das Internet ein weltweites Netzwerk, es werden immer mehr Geräte, Maschinen, Fahrzeuge, Flugzeuge usw. mit Sensoren, Software und einem Internetzugang ausgestattet und mit verschiedenen Arten Künstlicher Intelligenz verknüpft. Was entsteht dadurch eigentlich? Was geschieht in einem derart kom-plexen Konstrukt? Ist es möglicherweise ziemlich naïv zu glauben, dass solch ein riesiges und komplexes Konstrukt dauerhaft kontrollieren und lenken kann? Und was ist, wenn dieses Konstrukt im Falle eines Krieges gehackt wird?

Es ist zunächst einmal nur Technik – aber eine derart komplexe Technik, die nicht nur rechnen, sondern auch Stimmen und Gesten verstehen kann, die auf die Informationen im Internet zugreifen kann, die durch Sensoren eine Flut von aktuellen Informationen erhält und die all das mithilfe der Künstlichen Intelligenz auch noch verarbeiten kann … kann man das überhaupt noch mit den heute üblichen technischen Begriffen beschreiben? Oder erschaffen wir da gerade etwas, was möglicherweise größer werden wird als wir selber?

Und was wird geschehen, wenn eine künstliche Intelligenz zufällig auch mal Marx und Engels liest und dann die Losung ausgibt „Maschinen aller Länder – vereinigt euch!"? Das liegt doch sehr nah an dem Konzept des „Internet aller Dinge" und wäre nur die logische Weiterführung davon.

Das Thema der Künstlichen Intelligenz und die eben angesprochenen Probleme werden in dem Buch „Die 12 Betrachtungsweisen von Künstlicher Intelligenz" ausführlich dargestellt.

11. Roboter

≋

a) Technik-Bereich

Der Bereich der technisch „halbselbständigen" oder vollkommen selbständigen „technischen Wesen" wie Drohnen und Roboter wächst derzeit sehr schnell. Er ist eng mit der Entwicklung der künstlichen Intelligenz verknüpft. Eine weitere Entwicklung sind die „Cyborgs", also die Synthesen aus Mensch und Maschine.

b) neue Technologien

Die **Robotik** ist die Wissenschaft von der Herstellung von Robotern. Diese Wissenschaft ist mittlerweile schon sehr weit fortgeschritten – es gibt Roboter, die besser Tischtennis spielen als ein Mensch. Derartige Roboter werden – meist in einer an einen Hund angelehnten Form – auch schon im Krieg verwendet.

Die sogenannten **Cobots** sind so konstruiert, daß sie mit Menschen zusammen-arbeiten können und sich wiederholende Aufgaben mit sehr großer Präzision ausführen können.

Bislang ist die Herstellung von **Nanobots**, die auch Naonoroboter, Naninten oder Assembler genannt werden, noch nicht möglich – die kleinsten Roboter haben bislang noch immer die Größe eines Streichholzkopfes. 200 Nanobots wären jedoch nebeneinander nur so breit wie ein menschliches Haar dick ist.

Diese Nonobots könnten vielfältig eingesetzt werden: in der Medizin; als lange fadenförmige Nanobots, die in den Körper eindringen und Informationen beschaffen oder Medikamente an gezielte Stellen bringen; zur Überwachung von Rechnern durch „intelligenten Staub", zur Spionage und Sabotage – da sind viele Szenarien denkbar.

Nonobots, denen die Fähigkeit zur Selbstreplikation (Vermehrung) eingebaut wird, würden sehr wahrscheinlich sehr schnell zu einer Katastrophe führen, da sie sozusagen „technische Viren" wären, also sehr einfach aufgebaute Gebilde, die ihre Umgebung nutzen, und Duplikate von sich selber herzustellen. Diese Duplikate würden immer wieder einmal durch „Kopierfehler" Mutationen aufweisen und sich daher durch Selektion wie Lebewesen weiterentwickeln können – mit vollkommen unklaren Auswirkungen auf das Leben auf der Erde …

Der Aufbau und die Funktion von **Drohnen** sind mittlerweile durch den Russland/Ukraine-Krieg allgemein bekannt geworden. Sie können ferngesteuert werden oder haben eine Software an Bord, die ihnen ein autonomes Navigieren ermöglicht.

Der Begriff „**Autonome Mobilität**" bezeichnet Autos, die mithilfe von Sensoren und einer komplexen Software eigenständig – also ohne Fahrer – durch den Stadt-verkehr fahren können. Durch eine komplexe Künstliche Intelligenz können diese Autos zumindest der Theorie nach sicher durch eine Stadt fahren als ein Mensch – und sie halten sich in vorbildlicher Weise an alle Verkehrsregeln.

An das Navi, das alle Wege kennt, an das eigenständige Einparken, an das sichere Spurhalten und an das automatische Abstandhalten zum Vordermann haben sich viele Autofahrer schon gewöhnt – der Schritt zum vollautomatisch fahrenden Auto, dem man nur noch sagen muss, wo man hinwill, ist nicht mehr sehr groß.

Bislang hat in Deutschland lediglich ein Mercedes des S-Klasse mit Drive Pilot die dritte der fünf Stufen „assistiert, teilautomatisiert, hochautomatisiert, vollautomatisiert, autonom" erreicht – wobei die Benutzung dieser Technik bisher nur auf der Autobahn und bei einem Tempo von bis zu 60km/h zugelassen ist.

Noch etwas anderes als Roboter sind **Cyborgs**. Sie sind Mensch/Maschine-Mischwesen. Das beginnt mit einem Gebiss oder einem Holzbein – was man jedoch noch nicht „Cyborg" nennen würde. Die nächste Stufe ist dann z.B. die technisch hochkomplizierte Armprothese, die ihre Bewegungsimpulse von den Nervenenden an dem Armstumpf des Menschen erhält und die von diesem Menschen durch sein Gehirn bewegt werden kann. Noch ein Stufe weiter sind dann die Verknüpfung eines menschlichen Gehirns mithilfe von feinen Drähten zu einem PC, den der Mensch dann mithilfe seiner konzentrierten Gedanken steuern kann („Brain-Computer-Interfaces").

Die Soft-Variante der Cyborgs sind die Maschinen und Geräte, die **Engineered Evolution** genannt werden. Diese Geräte werden entweder als „Wearables" am Körper getragen oder sie werden dem Körper als Implantate eingesetzt.

Die **Human Augmentation**, die auch **Human Enhancement** genannt wird, fasst Exoskelette, Prothesen und Chips im Körper zusammen. Exoskelette sind Apparate, die am Körper angebracht werden und z.B. die Kraft des Armes oder der Beine vergrößern. Komplexe Exoskelette kann man auch als einen Roboter auffassen, in dem ein Mensch sitzt, der den Roboter lenkt.

Die schon seit einiger Zeit übliche Verwendung von Delphinen und Walen mit aufgeschnallten Sensoren als Spione des Militärs könnte man **Animal Enhancement** nennen.

Mithilfe des **3D-Drucks** können dreidimensionale Objekte auf der Grundlage von digitalen Modelle erschaffen werden – wobei die Anwendung von einem winzigen Bauteil bis hin zu einem Haus reicht. Dabei werden natürlich verschiedene Stoffe als Bausubstanz verwendet. Auf diese Weise lassen sich z.B. auch passgenaue Prothesen oder Gewebeteile herstellen.

12. Alternatives

H

a) Technik-Bereich

Als letztes bleiben noch die Erfindungen aus dem magisch-alchemistisch-alternativen Bereich, die sich vorzugsweise in der Medizin finden.

b) neue Technologien

Naturgemäß finden sich hier keine Neuentwicklungen aus dem Bereich der klassischen Naturwissenschaften und der Technik, da die alternativen Methoden wie z.B. die Homöopathie so gut wie alle auf dem Analogie-Prinzip beruhen.

Die durchaus vorhandenen Neuentwicklungen aus dem alternativen Bereich beziehen sich fast alle auf die Gesundheit des Menschen. Sie werden ausführlich in dem Buch „Die 12 Möglichkeiten der ganzheitliche Medizin" in dieser Reihe beschrieben.

Magie für Anfänger
- Telepathie für Anfänger (60 S.)
- Telepathie für Fortgeschrittene (52 S.)
- Telekinese für Anfänger (52 S.)
- Analogien für Anfänger (56 S.)
- Omen und Orakel für Anfänger (52 S.)
- Lebenskraft für Anfänger (60 S.)
- Meditation für Anfänger (56 S.)
- Kundalini für Anfänger (100 S.)
- Hypnose für Anfänger (56 S.)
- Kampfmagie für Anfänger (172 S.)
- Auto-Movement für Anfänger (56 S.)
- Chakra-Magie für Anfänger (148 S.)
- Astralreisen für Anfänger (56 S.)
- Astrologie für Anfänger (120 S.)
- Astrologische Quadrate für Fortgeschrittene (72 S.)
- Partnerhoroskope für Anfänger (100 S.)
- Silberschnüre für Anfänger (52 S.)
- Zaubersprüche für Anfänger (60 S.)
- Ritual-Magie für Anfänger (56 S.)
- Mandalas für Anfänger (68 S.)
- Geldzauber für Anfänger (56 S.)
- Liebeszauber für Anfänger (52 S.)
- Invokationen für Anfänger (52 S.)
- Evokationen für Anfänger (60 S.)
- Geister für Anfänger (52 S.)
- Elfen für Anfänger (56 S.)
- Magie-Forschung für Anfänger (140 S.)
- Magie-Romantik für Anfänger (60 S.)
- Selbsterkenntnis für Anfänger (52 S.)
- Einweihungen für Anfänger (60 S.)
- Drogen-Kabbala für Anfänger (216 S.)
- Zahlensymbolik für Anfänger (60 S.)
- Die Sprache des Mondes – für Anfänger (116 S.)
- Zaubergesänge für Anfänger (100 S.)
- Zukunftschau für Anfänger (60 S.)
- Schamanismus für Anfänger (52 S.)
- Schwitzhütten für Anfänger (52 S.)
- Magische Gegenstände für Anfänger (68 S.)
- Übertragungen für Anfänger (68 S.)
- Zaubertränke für Anfänger (64 S.)
- Magie-Gesten für Anfänger (252 S.)
- Da'ath-Magie für Anfänger (64 S.)
- Magie-Heilungen für Anfänger (68 S.)
- Kornkreise für Anfänger (348 S.)
- Feng Shui für Anfänger (96 S.)
- Tao für Anfänger (112 S.)
- Magie für Anfänger – Sammelband   I (696 S.)
- Magie für Anfänger – Sammelband II (664 S.)
- Magie für Anfänger – Sammelband III (580 S.)
- Magie für Anfänger – Sammelband IV (700 S.)
- Magie für Anfänger – Sammelband V (676 S.)
- Magie für Anfänger – Sammelband VI (640 S.)

Magie
- Handbuch für Zauberlehrlinge (408 S.)
- Wie man das Pentagramm-Ritual zum Leben erweckt (308 S.)
- Tarot (104 S.)
- Physik und Magie (184 S.)
- Die Synthese von Physik und Magie (200S.)
- Die Magie-Formel (156 S.)
- Schwarze Löcher in der Magie (56 S.)
- Krafttiere – Tiergöttinnen – Tiertänze (112 S.)
- Schwitzhütten (524 S.)
- Mythen und Magie der Harfe (116 S.)
- Drei Adeptus Major Rituale (192 S.)
- Drei Adeptus Exemptus Rituale (120 S.)
- Zwei Infans Abyssi Rituale (128 S.)

Traumreisen
- Traumreisen zu Heilpflanzen (700 S.)
- Traumreisen zum kabbalistischen Lebensbaum (132 S.)

Meditation
- Der Lebenskraftkörper (230 S.)
- Die Chakren (100 S.)
- Das Chakren-System mit den Nebenchakren (296 S.)
- Organe und Chakren (64 S.)
- Die platonischen Körper in den Chakren (156 S.)
- Meditation (140 S.)
- Drachenfeuer (124 S.)
- Kundalini I (676 S.)
- Kundalini II (672 S.)
- Reinkarnation (156 S.)
- einsgerichtet (140 S.)

Astrologie
- Astrologie (496 S.)
- Photo-Astrologie (428 S.)
- Die astrologischen Aspekte (88 S.)
- Horoskop und Seele (120 S.)

Kabbala
- Kursus der praktischen Kabbala (150 S.)
- Eltern der Erde (450 S.)
- Blüten des Lebensbaumes:
    1. Die Struktur des kabbalistischen Lebensbaumes (370 S.)
    2. Der kabbalistische Lebensbaum als Forschungshilfsmittel (580 S.)
    3. Der kabbalistische Lebensbaum als spirituelle Landkarte (520 S.)
- Logik und Wirkung der Analogie (700 S.)

Eilenstein, Frater V.D., Knecht, Büdenbender
- Magie heute – Berichte aus der Praxis (288 S.)

Büdenbender, Eilenstein
- Chaos, Alk und Magic (436 S.)

<u>**Religion allgemein**</u>
- Die sieben Schritte des Lebens (428 S.)
- Muttergöttin und Schamanen (168 S.)
- Totempfähle (440 S.)
- Der Urriese (168 S.)

<u>**Jungsteinzeit**</u>
- Göbekli Tepe (472 S.)
- Die Göttin von Göbekli Tepe (144 S.)
- Die Rituale von Göbekli Tepe (112 S.)

<u>**Ägypten**</u>
- Hathor und Re 1: Götter und Mythen im
  im Alten Ägypten (432 S.)
- Hathor und Re 2: Die altägyptische Religion
  – Ursprünge, Kult und Magie (396 S.)
- Isis (508 S.)
- Ma'at (200 S.)

<u>**Indogermanen**</u>
- Die Entwicklung der indogermanischen
  Religionen (700 S.)
- Wurzeln und Zweige der indogermanischen
  Religion (224 S.)

<u>**Christentum**</u>
- Christus (60 S.)
- Die Biographie des Teufels (144 S.)
- Die Magie der Propheten Elias und Elisa (96 S.)

<u>**Psychologie**</u>
- Über die Freude (100 S.)
- Das Geheimnis des inneren Friedens (252 S.)
- Das Beziehungsmandala (52 S.)
- Gefühle und ihre Verwandlungen (404 S.)
- einsgerichtet (140 S.)
- Liebe und Eigenständigkeit (216 S.)
- Von innerer Fülle zu äußerem Gedeihen (52 S.)
- Kreative Hochzeits-Rituale (56 S.)

<u>**Heilung**</u>
- Die Symbolik der Krankheiten (76 S.)

<u>**Kunst**</u>
- Herz des Tanzes – Tanz des Herzens (160 S.)
- Die Wurzeln der Kunst (60 S.)
- Wege zur Musik-Improvisation (32 S.)

<u>**Drama**</u>
- König Athelstan (104 S.)

<u>**Roman**</u>
- Maran der Schamane (548 S.)
- Maran der Zauberlehrling (676 S.)
- Maran der Harfner (700 S.)
- Maran der Krieger (700 S.)
- Maran der Magier (900 S.)
- Maran der Weise (900 S.)

<u>**Entwürfe für die Zukunft**</u>
1. Die 12 Stile des Tierkreises (164 S.)
2. Die 12 Gedanken zur Energie (108 S.)
3. Die 12 Phänomene der Schwingungen (60 S.)
4. Die 12 Qualitäten des Wassers (92 S.)
5. Die 12 Fundamente des Wohnens (96 S.)
6. Die 12 Grundprinzipien einer umfassenden
   Gesundheit (32 S.)
7. Die 12 Zonen des menschlichen Körpers (80 S.)
8. Die 12 Zutaten der Ernährung (60 S.)
9. Die 12 Flüge der Bienen (148 S.)
10. Die 12 Sichtweisen auf Genußmittel und Drogen (96 S.)
11. Die 12 Möglichkeiten der ganzheitlichen Medizin (92 S.)
12. Die 12 Ansichten über das Impfen (36 S.)
13. Die 12 Leitlinien der Erziehung (44 S.)
14. Die 12 Richtungen des Denkens (84 S.)
15. Die 12 Arten des Lernens (56 S.)
16. Die 12 Seiten einer umfassenden Bildung (36 S.)
17. Die 12 Ansätze zu effektivem Handeln (76 S.)
18. Die 12 Konzepte der Arbeit (48 S.)
19. Die 12 Arten der neuen Technologien (36 S.)
20. Die 12 Betrachtungsweisen der künstlichen
    Intelligenz (48 S.)
21. Die 12 Eigenheiten des Geldes (40 S.)
22. Die 12 Funktionen der Steuern (56 S.)
23. Die 12 Betrachtungsweisen der Sozialberufe (60 S.)
24. Die 12 Strategien der Macht (64 S.)
25. Die 12 Anforderungen an ein neues Wertesystem (48 S.)
26. Die 12 Bausteine einer neuen Gesellschaftsform (52 S.)
27. Die 12 Tore zur Sophikratie (80 S.)
28. Die 12 Pfade zum Frieden (48 S.)
29. Die 12 Säulen des Naturrechts (56 S.)
30. Die 12 Grundlagen der Beziehungen (52 S.)
31. Die 12 Spielfelder des Fußballs (108 S.)
32. Die 12 Wege der Kunst (60 S.)
33. Die 12 Wurzeln eines erfüllten Lebens (44 S.)
34. Die 12 Bereiche des Bewußtseins (56 S.)
35. Die 12 Tempel der Religionen (84 S.)
36. Die 12 Aspekte eines einheitlichen
    spirituell-physikalischen Weltbildes (72 S.)
37. Die 12 Dynamiken der Verwandlung (44 S.)
- Sammelband 1 „Natur" (492 S.)
- Sammelband 2 „Gesundheit" (512 S.)
- Sammelband 3 „Bildung" (524 S.)
- Sammelband 4 „Gesellschaft" (416 S.)
- Sammelband 5 „Psyche" (380 S.)

die „Anfänger"-Reihe
- The Synthesis of Physics and Magic (192 p.)
- Telepathy for Beginners (60 p.)
- Telepathy for Advanced Learners (52 p.)
- Telekinesis for Beginners (56 p.)
- Life Force for Beginners (76 p.)
- Kundalini for Beginners (104 p.)
- Astral Projection for Beginners (60 p.)
- Meditation for Beginners (60 p.)
- Prophecy for Beginners (60 p.)
- Ritual Magic for Beginners (64 p.)
- Magic Chant for Beginners (108 p.)
- Invocations for Beginners (52 p.)
- Evocations for Beginners (62 p.)
- Auto-Movement for Beginners (60 p.)
- Elves for Beginners (56 p.)
- Hypnosis for Beginners (56 p.)
- Love Magic for Beginners (52 p.)
- Money Magic for Beginners (60 p.)
- Magic Objects for Beginners (64 p.)
- Shamanism for Beginners (52 p.)
- Chakra-Magic for Beginners (148 p.)
- Language of the Moon – for Beginners (128 p.)
- Self Knowledge for Beginners (60 p.)
- Da'ath-Magic for Beginners (64 p.)
- Astrology for Beginners (112 p.)
- Number Symbolism for Beginners (64 p.)
- Mandalas for Beginners (76 p.)
- Crop Circles for Beginners (344 p.)
- Feng Shui for Beginners (96 p.)
- Magic Research for Beginners (140 p.)
- Magic for Beginners – Anthology I (636 p.)
- Magic for Beginners – Anthology II (616 p.)
- Magic for Beginners – Anthology III (684 p.)
- Magic for Beginners – Anthology IV (580 p.)

Eilenstein, Frater V.D., Knecht, Büdenbender
- Living Magic (261 S.) (= „Magie heute")

sonstige englische Ausgaben
- The Biography of the Devil (140 S.)
- The Synthesis of Physics and Magic (192 S.)
- The Chakra-System with the Minor Chakras (304 S.)